# BEI GRIN MACHT SICH IHR WISSEN BEZAHLT

- Wir veröffentlichen Ihre Hausarbeit, Bachelor- und Masterarbeit

- Ihr eigenes eBook und Buch - weltweit in allen wichtigen Shops

- Verdienen Sie an jedem Verkauf

Jetzt bei www.GRIN.com hochladen und kostenlos publizieren

**Bibliografische Information der Deutschen Nationalbibliothek:**

Die Deutsche Bibliothek verzeichnet diese Publikation in der Deutschen National-
bibliografie; detaillierte bibliografische Daten sind im Internet über http://dnb.d-
nb.de/ abrufbar.



**Impressum:**

Copyright © 2005 GRIN Verlag, Open Publishing GmbH
Druck und Bindung: Books on Demand GmbH, Norderstedt Germany
ISBN: 9783640633579

**Dieses Buch bei GRIN:**

http://www.grin.com/de/e-book/151723/verschiedene-nutzungsmoeglichkeiten-
der-solarenergie

**Christoph Bauer**

# Verschiedene Nutzungsmöglichkeiten der Solarenergie

## Technologie der Solarthermie und der Photovoltaik

GRIN Verlag

# Seminararbeit in Chemischer Technologie

# Solarenergie

## Sommersemester 2005

vorgelegt am

Institut für Physikalische und Chemische Technologie

Betreuer:

Universität Mannheim

von

cand. rer. oec. Christoph Bauer

Mannheim, im August 2005

# Inhaltsverzeichnis


Abbildungsverzeichnis ........................................................................................................II

1   Einleitung ........................................................................................................... 1

2   Technologien ..................................................................................................... 2

   2.1    Photovoltaik.................................................................................................. 3

      2.1.1    Photoeffekt ........................................................................................ 3

      2.1.2    Die Herstellung von Solarzellen.......................................................... 6

         2.1.2.1   Monokristalline Solarzellen.................................................................. 7

         2.1.2.2   Polykristalline Solarzellen.................................................................... 8

         2.1.2.3   Dünnschicht-Solarzellen aus amorphem Silizium.............................. 8

      2.1.3    Einsatzbereiche photovoltaischer Energiegewinnung...................... 9

         2.1.3.1   Autonome Systeme............................................................................... 9

         2.1.3.2   Netzgekoppelte Systeme..................................................................... 10

      2.1.4    Historische Entwicklung ................................................................... 11

   2.2    Solarthermie ............................................................................................... 12

      2.2.1    Funktionsweise und Einsatzbereiche solarthermischer Energiegewinnung 12

         2.2.1.1   Solarkollektoren ................................................................................ 12

         2.2.1.2   Solarthermische Kraftwerke.............................................................. 13

            2.2.1.2.1   Parabolrinnenkraftwerke ............................................................ 13

            2.2.1.2.2   Solarturmkraftwerke.................................................................... 14

            2.2.1.2.3   Aufwindkraftwerke...................................................................... 16

3   Perspektiven solarer Energiegewinnung ........................................................ 17

4   Zusammenfassung ............................................................................................ 18

Literaturverzeichnis............................................................................................ 21

**Abbildungsverzeichnis**


Abbildung 1: Schema der Dotierung. ............................................................................ 4

Abbildung 2: Schema des p/n-Übergangs. .................................................................... 5

Abbildung 3: Beispiele von autonomen Systemen ...................................................... 10

Abbildung 4: Luftaufnahme der Solaranlage Geiseltalsee .......................................... 11

Abbildung 5: Schema eines Parabolrinnenkraftwerkes .............................................. 14

Abbildung 6: Foto eines Parabolrinnenkraftwerkes ................................................... 14

Abbildung 7: Schema eines Solarturmkraftwerkes .................................................... 15

Abbildung 8: Foto eines Solarturmkraftwerkes ......................................................... 15

Abbildung 9: Computeranimation eines Aufwindkraftwerkes. ................................... 17

# 1  Einleitung

Die Energieversorgung der Erde beruht heute hauptsächlich auf der Verbrennung fossiler Brennstoffe. Die Energieversorgung durch fossile Brennstoffe ist jedoch mittel- bis langfristig unsicher. Dies liegt daran, dass fossile Energien nicht erneuerbar sind - eine Erschöpfung ist somit vorprogrammiert.[1] In den vergangenen Jahren und speziell in den letzten Monaten sind an den Weltmärkten die Preise für fossile Rohstoffe kontinuierlich angestiegen. Ein Sinken der Rohstoffpreise wird im Allgemeinen nicht erwartet, da die Nachfrage auf dem zur Zeit herrschenden hohen Niveau verharren beziehungsweise durch die Entwicklung von bevölkerungsreichen Regionen der Erde, wie China und Indien, weiter zunehmen wird. Die Angebotsseite produziert bereits an den Kapazitätsgrenzen und die Verknappung der fossilen Rohstoffe limitiert langfristig das Produktionspotential. Der für die Industrie und privaten Haushalte so wichtige „Rohstoff" Energie hat sich somit immens verteuert und wird sich in Zukunft weiter verteuern.[2]

Aufgrund dieser Situation rücken alternative Energiequellen wieder verstärkt in den Fokus des allgemeinen Interesses. Der Brennpunkt liegt hierbei besonders auf der Nutzung von erneuerbaren Energien wie der Windenergie, Energie aus Biogas, Erdwärme und der Solarenergie. Diese Energien werden von der Natur kostenlos bereitgestellt. Sie müssen lediglich genutzt werden. Diese Arbeit beschäftigt sich mit den verschiedenen Technologien zur Nutzung der Solarenergie.

Im Verlauf dieser Arbeit werden die verschiedenen Technologien zur Nutzung der Sonnenenergie, Solarthermie und Photovoltaik, vorgestellt. Die verschiedenen technischen Funktionsweisen der beiden Technologien werden erklärt und deren Einsatzbereiche aufgezeigt. Die Technologien sind bereits seit sehr langer Zeit bekannt, werden jedoch bisher kaum genutzt. Dies liegt an den bis heute noch sehr hohen Kosten für die technische Nutzbarmachung dieser Energien: Die Solartechnologien sind noch nicht wettbewerbsfähig. Durch technologischen Fortschritt, höhere Wirkungsgrade und nicht zuletzt durch die aktuelle Situation am Energiemarkt wird sich dies jedoch ändern.

---

[1] Vgl. Auer, J. (2005), S. 2.
[2] Vgl. Auer, J. (2005), S. 2.

## 2   Technologien

Die Nutzung von solarer Energie erfolgt durch zwei verschiedene Technologien. Photovoltaik ist die eine, sicherlich bekanntere Technologie, durch die die Solarenergie technisch nutzbar gemacht wird: Solarenergie wird direkt in elektrischen Strom umgewandelt. Bei der Solarthermietechnologie wird solare Energie in Wärme umgewandelt, welche anschließend technisch genutzt werden kann.

Beide Technologien nutzen die von der Sonne in Form von Licht abgestrahlte Energie.[3] An der Außenhülle der Erdatmosphäre erreicht diese Strahlung 1353 Watt pro Quadratmeter. Dieser Wert wird auch als Solarkonstante bezeichnet. Beim Durchgang durch die Erdatmosphäre wird diese Strahlung durch teilweise Absorption und Streuung geschwächt.[4] Auf der Erdoberfläche beträgt die Solarkonstante 1000 Watt pro Quadratmeter. Dieser Wert wird auf einer waagerechten Fläche, bei im Zenit stehender Sonne erreicht.[5] Diese Bedingungen herrschen nur am Äquator auf Meereshöhe und werden durch die Atmosphärische Messzahl AM 1 beschrieben. Als weitere wichtige Kennzahl hat sich die Atmosphärische Messzahl AM 1,5 etabliert, die den Wert der Strahlung unter einem Winkel von 41,5 Grad gegen den Horizont beschreibt. Unter diesen Bedingungen durchstrahlt die Strahlung die 1,5 fache Menge an Luft wie bei AM 1.[6]

Durch Streuung und Reflexion wird die auf der Erde ankommende Strahlung, die so genannte Globalstrahlung, in zwei Teile zerlegt: in direkte und diffuse Strahlung. Die diffuse Strahlung ist die Strahlung, die dafür sorgt, dass es auch bei bewölktem Himmel hell ist.[7] Die Höhe der Globalstrahlung in Deutschland liegt im langjährigen Mittel je nach Region zwischen neunhundert und eintausendzweihundert Kilowattstunden pro Quadratmeter und Jahr.[8] Diese Werte stellen somit den maximalen Energieertrag pro Quadratmeter und Jahr durch Solaranlagen mit einem theoretischen Wirkungsgrad von einhundert Prozent dar. Je nach Technologie wird dieses Energiepotential genutzt. Welche Technologie für welche Regionen am besten geeignet ist und wie diese funktionieren, wird in den folgenden Kapiteln dargestellt.

---

[3] Vgl. Seltmann, T. (2000), S. 13.
[4] Vgl. Hadamovsky, H.-J. (2000), S. 23.
[5] Vgl. Diaz-Santanilla, G. (2000), S. 26.
[6] Vgl. Hadamovsky, H.-J. (2000), S. 24.
[7] Vgl. Diaz-Santanilla, G. (2000), S. 29.
[8] Vgl. Seltmann, T. (2000), S. 27.

## 2.1 Photovoltaik

Wie bereits oben erwähnt, wird bei der Photovoltaik-Technologie das Sonnenlicht direkt in elektrischen Strom umgewandelt. Der Begriff leitet sich aus dem griechischen Wort für Licht, Photos und dem Namen des italienischen Forschers Volta ab.[9]

### 2.1.1 Photoeffekt

Die Umwandlung von Licht in elektrischen Strom erfolgt in einem Halbleiter, der sowohl negative als auch positive Ladungsträger enthält. Durch die Absorption von Licht entstehen zusätzliche Ladungsträger, wodurch elektrische Spannung erzeugt wird.[10]

Als Halbleiter werden feste Stoffe bezeichnet, die in kristalliner oder amorpher Struktur vorliegen und elektrischen Strom erst bei Temperaturen weit über dem absoluten Nullpunkt leiten können. Die Leitfähigkeit der Halbleiter nimmt mit steigender Temperatur zu. Typische Halbleiter sind Silizium und Germanium, welche beide in der vierten Hauptgruppe sind und jeweils vier Valenzelektronen aufweisen (vgl. Abbildung 1a).[11] Durch eine gezielte Verunreinigung des Halbleiters (Dotierung) mit Atomen anderer Stoffe wird erreicht, dass dieser entweder hauptsächlich Elektronen (n-Leiter), welche negativ geladen sind, oder positive Ladungsträger, so genannte Defektelektronen (p-Leiter) enthält. Die positiven Ladungsträger werden auch als „Löcher" bezeichnet. Die Dotierung des Halbleiters geschieht in der Regel mit Phosphor oder Bor.[12] Dabei werden Atome des Halbleiters entfernt und durch Phosphor oder Bor ersetzt. Phosphor, welcher Teil der fünften Hauptgruppe ist, besitzt fünf Valenzelektronen. Wird nun ein Halbleiter mit Phosphor dotiert, weist dieser einen Überschuss von Valenzelektronen auf, weil das überschüssige Elektron im Halbleitergitter keine kovalente Bindung absättigen kann - dem Elektron fehlt ein Partner. Dadurch ist dieses Elektron schwächer gebunden als alle anderen Valenzelektronen. Bei niedrigen Temperaturen zieht der fünffach positiv geladene Phosphorkern dieses Elektron noch an. Die Anziehung lässt jedoch mit steigender Temperatur nach, bis das Elektron an das Halbleitergitter abgegeben wird: Somit enthält das Halbleitergitter hauptsächlich Elektronen, weshalb es als n-Leiter bezeichnet wird (vgl. Abbildung 1b). Halbleiter, die mit Bor, welches drei Valenzelektronen besitzt, dotiert werden, haben einen Elekt-

---


[9] Vgl. Hadamovsky, H.-J. (2000), S. 31.
[10] Vgl. Hadamovsky, H.-J. (2000), S. 31.
[11] Vgl. Diaz-Santanilla, G. (1984), S. 41.
[12] Vgl. Künzel, M. (1981), S. 21.

ronenmangel. Das Bor-Atom hat, wenn es in das Halbleitergitter eingepflanzt wird, das Bestreben, genau wie der Halbleiter, vier Elektronen an sich zu binden. Das fehlende vierte Elektron holt sich das Bor-Atom aus dem Halbleitergitter, wodurch dort ein Loch entsteht. Solche Löcher sind aufgrund des dort fehlenden Elektrons positiv geladen, weshalb von p-Halbleitern gesprochen wird (vgl. Abbildung 1c).[13] Durch die Dotierung des Halbleiters wird dessen Leitfähigkeit also stark verbessert bzw. sie kann gezielt gesteuert werden.[14]

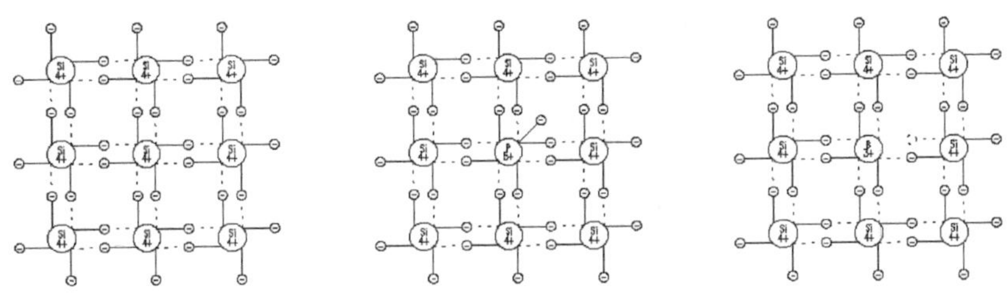



Abbildung 1: Schema der Dotierung.[15]

Werden ein p-Halbleiter und ein n-Halbleiter in engen Kontakt gebracht, entsteht ein p/n-Übergang bzw. eine p/n-Übergangszone. Eine solche Struktur von n- und p-Halbleiter mit p/n-Übergangszone wird auch als Halbleiter-Diode bezeichnet.[16] Durch eine Diode kann Strom nur in eine Richtung fließen, wodurch eine Gleichrichtung von Strom ermöglicht wird. In dieser p/n-Übergangszone gleichen sich die Ladungsdifferenzen zwischen p-Halbleiter und n-Halbleiter aus. Elektronen diffundieren vom n-Halbleiter zum p-Halbleiter und füllen dort die Löcher auf (vgl. Abbildung 2b), wodurch der p-Halbleiter am Übergang negativ aufgeladen wird. Gleichzeitig wird dadurch der n-Halbleiter am Übergang positiv aufgeladen (vgl. Abbildung 2c). Die Diffusion der Elektronen vom n-Halbleiter zum p-Halbleiter hat einen Diffusionsstrom zur Folge, die gegenseitige Aufladung am Übergang ein Raumladungsfeld, das dem Diffusionsstrom entgegenwirkt. Innerhalb dieses elektrischen Feldes gibt es keine frei beweglichen Ladungen mehr, es handelt sich um eine Sperrschicht, welche weitere Ladungswanderungen verhindert (vgl. Abbildung 2c).[17]

---


[13] Vgl. Diaz-Santanilla, G. (1984), S. 58ff.
[14] Vgl. Diaz-Santanilla, G. (1984), S. 42f.
[15] Quelle: http://emsolar.ee.tu-berlin.de/solarweb/AbbildungLiteratur/Abbildungen1.html, Abb. 1-6,8,9.
[16] Vgl. Diaz-Santanilla, G. (1984), S. 62.
[17] Vgl. Diaz-Santanilla, G. (1984), S. 62.

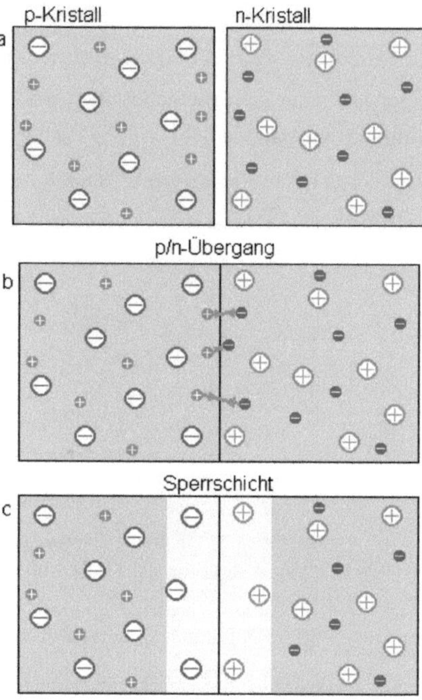



Abbildung 2: Schema des p/n-Übergangs.[18]

Wird nun eine solche Struktur von p- und n-Halbleiter beleuchtet, treffen die im Licht enthaltenen Photonen auf Elektronen in der Sperrschicht und schlagen diese aus dem Atomverband – sowohl auf der p- als auch auf der n-Seite. Analog dazu entstehen genauso viele Löcher wie freie Elektronen. Um nun das Ladungsgleichgewicht wieder herzustellen, diffundieren die frei geschlagenen Elektronen aus dem p-Halbleiter in den n-Halbleiter, welcher, wie bereits erwähnt am Übergang positiv geladen ist und die Löcher vom n-Halbleiter in den p-Halbleiter, der am Übergang negativ geladen ist. Dadurch entsteht im n-Halbleiter ein Überschuss von Elektronen und im p-Halbleiter ein Überschuss von Löchern. Durch Metallkontakte, welche an beiden Seiten der Halbleiterdiode angebracht sind, kann der Überschuss ausgeglichen werden. Dazu muss an die beiden Metallkontakte ein Stromkreis mit Lastwiderstand angelegt werden. Wird dieser Stromkreis geschlossen, wandern die Elektronen vom n-Halbleiter zurück zum p-Halbleiter und füllen dort wieder die Löcher. Durch diesen Stromkreis fließt elektrischer Gleichstrom. Dieser Prozess wie-

---

[18] In Anlehnung an: http://de.wikipedia.org/wiki/P-n-%C3%9Cbergang.

derholt sich so lange, wie Licht auf die Halbleiterdiode einfällt und Elektronen aus dem Atomverband schlägt.[19]

### 2.1.2 Die Herstellung von Solarzellen

Obwohl es sehr viele Halbleiter gibt, wird für Solarzellen hauptsächlich Silizium verwendet.[20] Silizium ist das nach Sauerstoff am zweithäufigsten vorkommende Element des Erdmantels. Silizium liegt jedoch nicht in reiner Form vor, sondern nur in Verbindungen von Quarz und Silikaten. Damit Silizium als Halbleiter genutzt werden kann, muss es in hochreiner Form vorliegen. Die Reinigung erfolgt „durch Reduktion von Quarz in Lichtbogenöfen". Anschließend wird das so erhaltene Rohsilizium fein vermahlen zu einer Korngröße von maximal einem halben Millimeter und in einem Wirbelschichtreaktor mit Salzsäure zu Trichlorsilan überführt. Das Trichlorsilan wird mehrfach destilliert um einen hohen Reinheitsgrad zu erzielen. Das so gereinigte Trichlorsilan reagiert mit Wasserstoff in einem Reaktor zu hochreinem Silizium, Salzsäure und Siliziumtetrachlorid.[21] Die Reaktionsgleichungen lassen sich wie folgt darstellen:

1. $SiO_2 + 2\,C \rightarrow Si + 2\,CO$

2. $Si + 3\,HCl \rightarrow SiHCl_3 + H_2$

3. $4\,SiHCl_3 + 2\,H_2 \rightarrow 3\,Si + SiCl_4 + 8\,HCl$

Ein anderer Weg reines Silizium zu erhalten geht ebenfalls von der Reduktion des Quarz mit Kohlenstoff aus. Anschließend wird das dadurch noch verunreinigte Silizium direkt chloriert und wiederum mehrfach destilliert. Das so erhaltene Siliziumtetrachlorid reagiert in einem weiteren Reaktionsprozess mit Wasserstoff zu hochreinem Silizium und Salzsäure. Die Reaktionsgleichungen lassen sich wie folgt darstellen:

1. $SiO_2 + 2\,C \rightarrow Si + 2\,CO$

2. $Si + 2\,Cl_2 \rightarrow SiCl_4$

3. $SiCl_4 + 2\,H_2 \rightarrow Si + 4\,HCl$[22]

Je nach Solarzellentyp wird das Silizium weiterverarbeitet.

---


[19] Vgl. Hadamovsky, H.-J. (2000), S. 31f.
[20] Vgl. Hadamovsky, H.-J. (2000), S. 32.
[21] Diaz-Santanilla, G. (1984), S. 89.
[22] Vgl. Hibst, H. (o. Jg.).

### 2.1.2.1 Monokristalline Solarzellen

Monokristalline Solarzellen haben mit circa sechzehn Prozent den höchsten Wirkungsgrad, allerdings auch die höchsten Herstellkosten.[23] Dies liegt daran, dass alle Atome in einem regelmäßigen Abstand zueinander sind. Es handelt sich dabei um ein perfektes Gitter.[24] Das bedeutet, dass es keine Störungen im Kristallgitter gibt, die die Entstehung und Ableitung von freigewordenen Ladungsträgern negativ beeinflussen. Die Herstellung von monokristallinen Siliziumzellen erfolgt durch Einschmelzen des gewonnenen hochreinen Siliziums und anschließendem Ziehen von Einkristallen mittels des Czochralski-Verfahrens.[25] Die so erzeugten Siliziumstäbe sind ca. zwei Meter lang und haben einen Durchmesser von zehn Zentimetern.[26] Durch technologischen Fortschritt konnte der Durchschnitt mittlerweile auf zwölfeinhalb Zentimeter gesteigert werden. Dies ist heute Standard. Der Trend geht jedoch zu noch dickeren Stäben mit einem Durchmesser von fünfzehn Zentimetern. Die Stäbe werden anschließend in Scheiben, so genannte Wafer, mit einer Dicke von dreihundert Mikrometern zersägt. Auch hier geht der Trend zu noch dünneren (zweihundertfünfzig Mikrometer) Scheiben.[27] Das Ziehen der Einkristalle ist ein sehr aufwendiger und teurer Prozess. Je dünner die Wafer sind, umso mehr können aus einem Siliziumstab gewonnen werden. Je dicker der Stab, umso größer die Fläche des Wafers. Daraus folgt: Je größer und dünner der Wafer ist, umso geringer sind die Stückkosten des Wafers.

In einem weiteren Schritt werden die Wafer gereinigt und anschließend dotiert. In einem letzten Schritt werden die Metallkontakte angebracht. Dafür wird aus Silber oder Aluminium eine Metallpaste hergestellt, welche mittels des Siebdruckverfahrens auf den Wafer gedruckt wird. Die Metallschicht ist lediglich fünf bis zehn Mikrometer dick.[28] Auf der Vorderseite des Wafers werden nur sehr schmale Streifen aufgedruckt, um möglichst wenig Fläche zu verdecken. Nun ist die Solarzelle eigentlich fertig. Um jedoch deren Effizienz zu erhöhen, wird zusätzlich noch eine Antireflexionsschicht aufgedampft, damit

---


[23] Vgl. Hadamovsky, H.-J. (2000), S. 38.
[24] Vgl. Künzel, M. (1981), S. 39.
[25] Vgl. Diaz-Santanilla, G. (1984), S. 89.
[26] Vgl. Künzel, M. (1981), S. 39.
[27] Vgl. Luther, J. (2003), S. 47.
[28] Vgl. Luther, J. (2003), S. 47.

möglichst viel Licht in die Zelle eindringt. Die Antireflexionsschicht besteht aus Silizium-
oxid, Titanoxid oder Tantaloxid.[29]

### 2.1.2.2 Polykristalline Solarzellen

Polykristalline Solarzellen haben einen geringeren Wirkungsgrad als monokristalline Solarzellen, sind dafür jedoch günstiger in der Herstellung. Der Wirkungsgrad liegt bei circa
zwölf Prozent. Bei der Herstellung von polykristallinen Solarzellen wird auf das Ziehen
von Einkristallen verzichtet, was den Produktionsprozess vereinfacht und die Herstellkosten senkt. Der Trade off ist jedoch, dass die Anordnung der Siliziumatome nicht optimal ist
und es dadurch Störungen im Kristallgitter gibt, die sich negativ auf die Entstehung und
Ableitung von freigewordenen Ladungsträgern auswirken.[30]

Das gewonnene hochreine Silizium wird ebenfalls eingeschmolzen, dann aber lediglich in
quaderförmige Formen gegossen. Nachdem das Silizium wieder erstarrt ist, wird es ebenfalls in Wafer zersägt. Der weitere Prozess gleicht dem der Herstellung von monokristallinen Solarzellen.[31]

### 2.1.2.3 Dünnschicht-Solarzellen aus amorphem Silizium

Dünnschicht-Solarzellen aus amorphem Silizium sind die kostengünstigsten Solarzellen.
Allerdings haben diese Solarzellen auch den geringsten Wirkungsgrad. Der Wirkungsgrad
liegt lediglich bei acht Prozent.[32] Die Herstellung dieser Solarzellen ist gänzlich anders und
benötigt kein absolut hochreines Silizium, weshalb die Herstellkosten wesentlich günstiger
sind, da die kostenintensive Reinigung entfällt. Bei der Herstellung von Dünnschicht-Solarzellen wird die aktive Schicht der Solarzelle, das amorphe Silizium, auf ein Trägermaterial aufgedampft. Amorphes Silizium weist keine regelmäßigen Kristallstrukturen mehr
auf – es ist eine wilde Anordnung von Siliziumatomen. Die Dicke der aktiven Schicht beträgt lediglich einen Mikrometer. Als Trägermaterial wird Metall, Glas oder sogar Kunststoff verwendet.[33]

---


[29] Vgl. Diaz-Santanilla, G. (1984), S. 89.
[30] Vgl. Hadamovsky, H.-J. (2000), S. 38.
[31] Vgl. Hadamovsky, H.-J. (2000), S. 33.
[32] Vgl. Hadamovsky, H.-J. (2000), S. 38.
[33] Vgl. Diaz-Santanilla, G. (1984), S. 93.

### 2.1.3  Einsatzbereiche photovoltaischer Energiegewinnung

Wie aus den bisherigen Ausführungen hervorgeht, ist der Zweck der Photovoltaik die direkte Umwandlung von Sonnenlicht in elektrischen Strom. Eine einzelne Solarzelle erbringt jedoch nur eine relativ geringe Leistung, welche für technische Anwendungen nicht genutzt werden kann. Deshalb werden mehrere Solarzellen durch parallele und serielle elektrische Schaltung zu Modulen verbunden, welche bereits eine wesentlich höhere Leistung erzielen. Bei der Serienschaltung addieren sich die Spannungen der einzelnen Zellen zu einer Gesamtspannung. Der Strom der Gesamtspannung ist jedoch nur so groß wie der der schwächsten Zelle. Bei einer Parallelschaltung bleibt die Spannung konstant, die Ströme der einzelnen Zellen addieren sich jedoch zu einem Gesamtstrom. In der Praxis kommen in einem Solarmodul beide Verschaltungen kombiniert zur Anwendung.[34] Die Solarmodule können wiederum in Reihe oder parallel geschaltet werden, so dass ein Solargenerator entsteht. Dessen Leistung ist letztendlich abhängig von der Anzahl der Solarmodule und der Art der Anwendung.[35]

#### 2.1.3.1  Autonome Systeme

Als autonomes System wird ein System bezeichnet, wenn es seinen benötigten elektrischen Strom nur aus dem Solargenerator bezieht. Es ist kein Anschluss an ein externes Stromnetz vorhanden. In solchen Systemen wird der Stromverbraucher entweder direkt mit dem produzierten Gleichstrom versorgt oder in einem Akkumulator bis zur Nutzung zwischengespeichert.[36] Typische Anwendungen von autonomen Systemen ohne Akkumulatoren sind beispielsweise Taschenrechner und elektrische Küchenwaagen. Der zur Betreibung der LCD Displays benötigte elektrische Strom wird von Solarzellen produziert. Ein Akkumulator ist hier nicht nötig, da man im Dunkeln das Display sowieso nicht lesen kann. Beim Gebrauch dieser Geräte ist also immer Licht vorhanden, welches die Solarzellen betreiben kann.[37] Autonome Systeme kommen aber auch in Bereichen zur Anwendung, wo kein externes Stromnetz zur Verfügung steht (vgl. Abbildung 3b). So werden in ländlichen und technisch noch nicht entwickelten Gebieten Pumpen mit Solarenergie betrieben. Diese Pumpen sorgen für Wasser, welches oft aus großen Tiefen an die Oberfläche gepumpt werden muss. Eine weitere Anwendung ist die Stromversorgung von Trinkwasseraufbe-

---


[34] Vgl. Hadamovsky, H.-J. (2000), S. 40.
[35] Vgl. Hadamovsky, H.-J. (2000), S. 42f.
[36] Vgl. Hadamovsky, H.-J. (2000), S. 43.
[37] Vgl. Luther, J. (2003), S. 67.

reitungsanlagen in solchen Regionen. Aber auch Mobilfunksendeanlagen, die in Regionen abseits vom öffentlichen Stromnetz erstellt werden müssen, um ein hohe Netzabdeckung zu erreichen, werden durch autonome Solarsysteme betrieben (vgl. Abbildung 3a).[38]

Abbildung 3: Beispiele von autonomen Systemen.[39]

## 2.1.3.2 Netzgekoppelte Systeme

Bei netzgekoppelten Systemen wird der gewonnene Strom nicht direkt verbraucht, sondern in das öffentliche Stromnetz eingespeist. Da das öffentliche Stromnetz mit Wechselstrom arbeitet, muss der vom Solargenerator erzeugte Gleichstrom vor der Einspeisung in Wechselstrom umgewandelt werden. Dies geschieht mit so genannten Wechselrichtern. Die Generatorgröße solcher netzgekoppelten Systeme ist sehr flexibel. So reicht die Bandbreite der Stromerzeugung von lediglich etwa einhundert Watt bis in den Megawattbereich. Eine Erweiterung des Systems stellt keine Probleme dar. Ein bestehendes System kann jederzeit um weitere Solarmodule erweitert werden, um einen steigenden Strombedarf zu befriedigen.[40] Solche Systeme erfreuen sich, nicht zuletzt durch massive Subventionierung, immer größerer Beliebtheit. In Deutschland legte die Bundesregierung 1999 ein Förderprogramm für netzgekoppelte Systeme auf: das 100.000-Dächer-Programm. Auch die japanische Regierung legte ein solches Förderprogramm auf. Dort waren es siebzigtausend Dächer.[41] Aber nicht nur die Dächer privater Wohnhäuser werden mit Solargeneratoren bestückt, sondern auch Fassaden und Dächer von öffentlichen Gebäuden. Auch im offenen Feld werden verstärkt Solargeneratoren gebaut. Beispiele hierfür sind das Dach des Freiburger

---

[38] Vgl. Luther, J. (2003), S. 68f.
[39] Vgl. Quelle: http://www.ise.fhg.de/german/vortraege_luther/pdf/2003/lu_040703.pdf, Seite 4 und 6.
[40] Vgl. Seltmann, T. (2000), S. 19f.
[41] Vgl. Luther, J. (2003), S. 93.

Fußballstadions, das Dach der Messe München und des Münchner Flughafens.[42] Auf dem Dach des Terminal 2 des Münchner Flughafens wurde eine Anlage mit viertausend Quadratmetern Modulfläche installiert. Die Jahresstromproduktion liegt bei circa vierhundertfünfzigtausend Kilowattstunden (450.000 kWh).[43] Ein Beispiel für einen Solargenerator in noch größerer Dimension ist die Solaranlage Geiseltalsee in Sachsen-Anhalt (vgl. Abbildung 4). Dort wurde eine Kollektorfläche von rund einunddreißigtausendfünfhundert Quadratmetern installiert (31.500 qm). Die Jahresstromproduktion liegt bei circa drei Millionen vierhunderttausend Kilowattstunden (3.400.000 kWh).[44]

Abbildung 4: Luftaufnahme der Solaranlage Geiseltalsee.[45]

## 2.1.4  Historische Entwicklung

Der photovoltaische Effekt wurde bereits 1839 von Alexandre Edmond Becquerel entdeckt, als er in seinem Labor verschiedene Substanzen mit Licht bestrahlte. Zu dieser Zeit konnte der Effekt jedoch noch nicht erklärt werden.[46] Bereits circa vierzig Jahre später, 1883, bauten Frits und Ulanjin die erste Solarzelle. Sie war damals aus dem Halbleitermaterial Selen und erreichte einen Wirkungsgrad von einem Prozent.[47] Zu dieser Zeit konnte der Effekt jedoch immer noch nicht erklärt werden. Dies änderte sich erst 1905 mit Albert Einsteins Veröffentlichungen zur Struktur des Lichts, für die er 1921 den Nobelpreis der Physik erhielt.[48] Es sollten jedoch noch weitere dreiunddreißig Jahre vergehen bis Pearson, Fuller und Chapin 1954 die erste Siliziumzelle mit einem Wirkungsgrad von

---


[42] Vgl. Luther, J. (2003), S. 96.
[43] Vgl. Deutsche BP AG, Geschäftsbereich BP Solar (Hrsg.) (2005b).
[44] Vgl. Deutsche BP AG, Geschäftsbereich BP Solar (Hrsg.) (2005a).
[45] Quelle: http://www.industcards.com/solar-germany.htm.
[46] Vgl. Seltmann, T. (2000), S. 15.
[47] Vgl. Künzel, M. (1981), S. 2.
[48] Vgl. Seltmann, T. (2000), S. 15.

fünf Prozent vorstellten. Bereits drei Jahre später, 1957, konnten sie Zellen mit einem Wirkungsgrad von acht Prozent herstellen. Im folgenden Jahr, 1958, wurden erste Sateliten mit Siliziumsolarzellen zur Energieversorgung ausgestattet. Durch den immer steigenden Energiebedarf der Sateliten und Raumsonden musste die Solarzelle ständig verbessert werden. Allerdings blieb der Strom aus Siliziumsolarzellen sehr teuer, weshalb eine terrestrische Nutzung des photovoltaischen Effekts nicht in Betracht gezogen wurde. Dies änderte sich jedoch 1973/1974 mit der damaligen Energiekrise.[49] Damals kostete ein Watt elektrischer Strom, produziert von Solarzellen, über eintausend Mark. Heute kostet ein Watt bereits weniger als fünf Euro. Im Jahr 1982 ging das erste große Solarkraftwerk in Kalifornien ans Netz – es hatte eine Leistung von einem Megawatt. Der private Hausgebrauch in Deutschland begann 1987, als der Solarpionier Wolfgang Babanek sein selbst entwickeltes Solarkraftwerk auf dem Dach seines Hauses installierte. „Der Stromversorger war ratlos und genehmigt den Netzparallelbetrieb der Anlage." Nur kurze Zeit später, 1990, beschließt der deutsche Bundestag das Stromeinspeisegesetz, wonach jedem erlaubt ist, Strom aus erneuerbaren Energien in das öffentliche Stromnetz einzuspeisen.[50] Durch verschiedene Förderprogramme wie das 100.000-Dächer-Programm und das im Jahr 2000 beschlossene Energieeinspeisegesetz wurde die Entwicklung, wie in Kapitel 2.1.3.2 beschrieben, weiter beschleunigt.

## 2.2 Solarthermie

Solarthermie beschreibt die Umwandlung von direkter und diffuser Sonnenstrahlung in Wärme.[51]

### 2.2.1 Funktionsweise und Einsatzbereiche solarthermischer Energiegewinnung

#### 2.2.1.1 Solarkollektoren

Solarthermische Anlagen sammeln das Sonnenlicht in Kollektoren (Kollektor, lateinisch: Sammler) ein. Die Kollektoren leiten die Sonnenstrahlung an einen Absorber weiter. Der Absorber wandelt die in der Sonnenstrahlung enthaltene Energie in thermische Energie um.[52] Die Absorber enthalten eine Wärmeträgerflüssigkeit, die die thermische Energie aufnehmen und abtransportieren. In der Regel wird als Wärmeträgerflüssigkeit Wasser

---


[49] Vgl. Künzel, M. (1981), S. 2f.
[50] Seltmann, T. (2000), S. 16.
[51] Vgl. Hadamovsky, H.-J. (2000), S. 109.
[52] Vgl. Hadamovsky, H.-J. (2000), S. 115.

verwendet. Je nach den klimatischen Bedingungen der Umgebung muss dem Wasser jedoch ein Frostschutzmittel beigemischt werden, um ein Gefrieren im Winter zu verhindern. Als Frostschutzmittel wird Glykol verwendet. Die Wärmeträgerflüssigkeit wird zu einem Wärmetauscher gepumpt, der die thermische Energie an einen Solarspeicher abgibt. Im Solarspeicher wird die thermische Energie gespeichert bis sie benutzt wird.[53] Die häufigste Form der Nutzung ist die Erzeugung von Warmwasser und Heizwärme.[54]

### 2.2.1.2 Solarthermische Kraftwerke

Solarthermische Kraftwerke nutzen die Energie der Sonnenstrahlung vom Prinzip her genau wie die Solarkollektoren. An guten Standorten, mit zwei- bis dreitausend Sonnenstunden im Jahr, können diese Kraftwerke Stromgestehungskosten von heute neun bis fünfzehn Cent pro Kilowattstunde realisieren.[55]

### 2.2.1.2.1 Parabolrinnenkraftwerke

Bei Parabolrinnenkraftwerken bilden Spiegel einen Halbkreis. Innerhalb des Spiegelhalbkreises, genau in dessen Brennpunkt, verläuft ein Absorber (vgl. Abbildung 6). Auch hier wird durch den Absorber eine Wärmeträgerflüssigkeit gepumpt.[56] Jedoch wird hier kein Wasser verwendet, sondern ein Thermoöl, welches auf knapp vierhundert Grad Celsius erhitzt wird. Dieses auf vierhundert Grad Celsius erhitzte Thermoöl wird, wie bei den Solarkollektoren, zu einem Wärmetauscher gepumpt. Allerdings wird bei diesem Verfahren die getauschte thermale Energie nicht in einem Wasserbehälter gespeichert, sondern dazu benutzt, Dampf zu erzeugen. Der Dampf wird verwendet um Turbinen anzutreiben, welche elektrischen Strom generieren (vgl. Abbildung 5).[57] Aktuell existieren neun solcher Kraftwerke, welche in der Zeit von 1985 bis 1991 in der kalifornischen Mojawe-Wüste gebaut wurden. Die Erfahrungen sind durchweg positiv: Die technische Verfügbarkeit der Kraftwerke liegt bei über achtundneunzig Prozent.[58] Aktuell befinden sich zwei weitere Parabolrinnenkraftwerke im Bau. Es handelt sich um die Projekte AndaSol-1 und AndaSol-2, südöstlich von Granada, Spanien. Die jeweils auf fünfzig Megawatt konzipierten Kraftwerke sollen 2006 ans Netz gehen und jährlich jeweils einhundertsechzig Gigawattstunden elekt-

---


[53] Vgl. Hadamovsky, H.-J. (2000), S 149f.
[54] Vgl. IZT - Institut für Zukunftsstudien und Technologiebewertung gGmbH (Hrsg.) (2005).
[55] Vgl. Bundesministerium für Umwelt, Naturschutz und Reaktorsicherheit (BMU), Referat Öffentlichkeitsarbeit (Hrsg.) (2004), S. 42.
[56] Vgl. Schott Rohrglas GmbH (Hrsg.) (2005), S. 2.
[57] Vgl. Schott Glas (Hrsg.) (2005), S. 5.
[58] Vgl. Feddek, P. (2003), S. 2.

rischen Strom in das spanische Netz einspeisen.[59] Dies entspricht dem Energiebedarf einer Stadt mit zweihunderttausend Einwohnern. Die Kosten für beide Kraftwerke betragen voraussichtlich sechshundert Millionen Euro.[60]

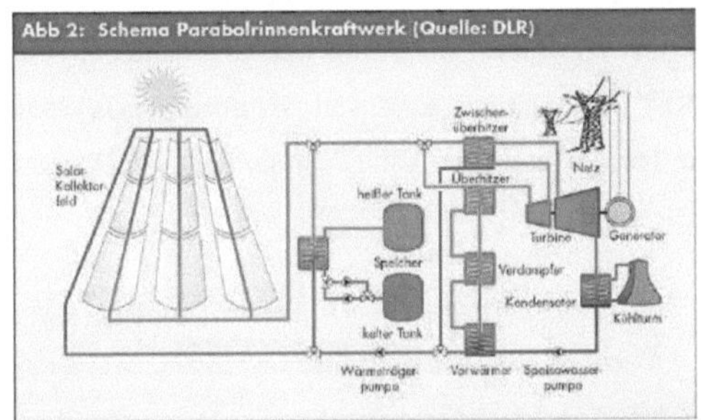

Abbildung 5: Schema eines Parabolrinnenkraftwerkes.[61]

Abbildung 6: Foto eines Parabolrinnenkraftwerkes.[62]

### 2.2.1.2.2  Solarturmkraftwerke

Solarturmkraftwerke funktionieren ähnlich wie die Parabolrinnenkraftwerke. Hier wird der Absorber jedoch nicht durch eine Spiegelparabolrinne geführt, sondern befindet sich auf einem Turm. Rund um diesen Turm befinden sich Planspiegel, so genannte Heliostaten,

---


[59] Vgl. Feddek, P. (2003), S. 3.
[60] Vgl. Solar Millennium AG (Hrsg.) (2005a).
[61] Quelle: http://www.solarserver.de/solarmagazin/anlageapril2004.html.
[62] Quelle:
http://www.dlr.de/tt/institut/abteilungen/solarforschung/standort/solartherm/solargasturbine/pictures/kramerjunction2.

die der Sonne nachgeführt werden. Die Heliostaten bündeln die Sonnenstrahlung und leiten sie direkt auf den Absorber. So kann die Wärmeträgerflüssigkeit auf bis zu eintausendeinhundert Grad Celsius erhitzt werden. Die so gebündelte thermische Energie wird auch hier genutzt um mittels Dampf Turbinen zu betreiben (vgl. Abbildung 7).[63] Aktuell befindet sich ein solches Kraftwerk mit elf Megawatt Leistung nahe bei Sevilla, Spanien in Betrieb (vgl. Abbildung 8).[64] Ein weiteres Kraftwerk ist ebenfalls in Spanien, nahe Cordoba im Bau. Die als Solar Tres bezeichnete Anlage ist auf fünfzehn Megawatt konzipiert und soll im Juni 2006 ans Netz gehen.[65]

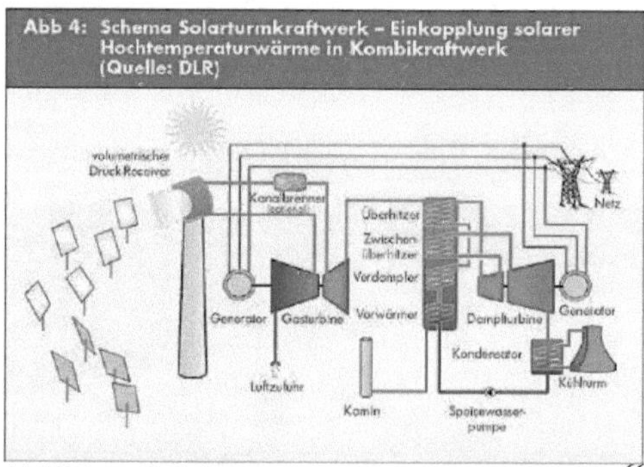


Abbildung 7: Schema eines Solarturmkraftwerkes.[66]

Abbildung 8: Foto eines Solarturmkraftwerkes.[67]

---


[63] Vgl. Feddek, P. (2003), S. 2.
[64] Vgl. Feddek, P. (2003), S. 3.
[65] IEA SolarPACES Organisation (Hrsg.) (2005).
[66] Quelle: http://www.solarserver.de/solarmagazin/anlageapril2004.html.

### 2.2.1.2.3  Aufwindkraftwerke

Bei Aufwindkraftwerken wird unter einem großen Kollektordach aus Glas oder Kunststoff Luft erhitzt – wie in einem Treibhaus. Die aufgewärmte Luft kann über einen riesigen Kamin entweichen. Am Fuße des Kamins sind Turbinen installiert, die von der entweichenden Luft angetrieben werden (vgl. Abbildung 9). Es werden drei bekannte physikalische Effekte genutzt:

Der Treibhauseffekt, welcher für die Erwärmung der Luft unter dem Glasdach sorgt. Der Kaminzug, welcher für das Aufsteigen der erwärmten Luft im Kamin sorgt. Die Turbine, die der aufsteigenden Luft Energie entzieht und in elektrischen Strom umwandelt.

Der Vorteil dieser Kraftwerke ist, dass sie lediglich Luft als Antrieb benötigen und kein Wasser, welches bei den bisher vorgestellten Systemen der Kühlung dient. Dies macht das System vor allem für Gebiete interessant, in denen Wasser eine knappe Ressource darstellt. Außerdem kann dieses System Tag und Nacht betrieben werden, da tagsüber produzierte Wärme gespeichert und nachts abgegeben werden kann. Ein weiterer Vorteil ist, dass neben der direkten Strahlung auch die diffuse Strahlung verwendet werden kann, da die Strahlung nicht konzentriert wird.[68]

Die Funktionsfähigkeit eines solchen Kraftwerks wurde bereits nachgewiesen. In Manzanares (Spanien) wurde 1981 ein Prototyp gebaut und bis 1989 betrieben. Der Kamin war zweihundert Meter hoch, das Kollektordach oder auch Treibhaus überspannte eine Fläche von sechsundvierzigtausend Quadratmetern.[69] Aktuell liegen Planungen für ein zweihundert Megawatt Kraftwerk vor. Der Kamin soll eine Höhe von eintausend Metern erreichen. Der Durchmesser des Treibhauses soll zwischen sechs- und siebentausend Metern sein. Gebaut werden soll das Kraftwerk in Australien.[70] Der Bauherr der Anlage, die Firma EnviroMission Limited, befindet sich nach eigenen Angaben in der finalen Machbarkeitsprüfung.[71] Die Fertigstellung ist für 2008 geplant.[72] Ein solches Kraftwerk könnte

---


[67] Quelle:
http://www.dlr.de/tt/institut/abteilungen/solarforschung/standort/solartherm/solargasturbine/pictures/cesa-side2.
[68] Vgl. Bundesministerium für Umwelt, Naturschutz und Reaktorsicherheit (BMU), Referat Öffentlichkeitsarbeit (Hrsg.) (2004), S. 42.
[69] Vgl. Solar Millennium AG (Hrsg.) (2005b).
[70] Vgl. Bundesministerium für Umwelt, Naturschutz und Reaktorsicherheit (BMU), Referat Öffentlichkeitsarbeit (Hrsg.) (2004), S. 42.
[71] Vgl. EnviroMission Limited (Hrsg.) (2005).

Stromgestehungskosten in Höhe von sechs bis sieben Cent pro Kilowattsunde realisieren, wenn man mit einer Abschreibungsdauer von dreißig Jahren und einem Zinsfuß von sechs Prozent kalkuliert. Die Kosten eines solchen Kraftwerks lassen sich mit circa sechshundert Millionen Euro beziffern.[73]

Abbildung 9: Computeranimation eines Aufwindkraftwerkes.[74]

## 3 Perspektiven solarer Energiegewinnung

Um die Perspektiven solarer Energiegewinnung abschätzen zu können, muss ein Blick auf die Kosten der konventionellen Energieproduktion mittels fossiler Brennstoffe geworfen werden. Der Strombezugspreis in Deutschland liegt im Durchschnitt bei etwa siebzehn Cent pro Kilowattstunde. Davon entfallen vierzig Prozent auf staatliche Abgaben und etwa vierzig Prozent auf die Netzkosten. Die reinen Kosten der Stromerzeugung betragen dann etwa dreieinhalb Cent pro Kilowattstunde. Werden aus diesen dreieinhalb Cent die bereits enthaltenen Anteile erneuerbarer Energien herausgerechnet, so ergeben sich auf der Basis von fossilen Brennstoffen Stromerzeugungskosten von circa zwei Cent pro Kilowattstunde. Die Vergütung für die Einspeisung von photovoltaisch erzeugtem Strom beträgt 2005 in Deutschland 54,53 Cent, also das siebenundzwanzigfache der Kosten der fossilen Stromerzeugung.[75] Dies ist der Grund für den Photovoltaikboom in Deutschland: 2004 wurden Anlagen mit einer Gesamtkapazität von dreihundertsechzig Megawatt installiert. Dies entspricht einer Steigerung um einhundertvierzig Prozent im Vergleich zu 2003. Dennoch liegt der Anteil photovoltaisch produzierten Stroms an der Stromerzeugung aus erneuerbaren Energien bei weniger als einem Prozent. Der Anteil erneuerbarer Energien insgesamt

---


[72] Vgl. sbp GmbH (Hrsg.) (2005).
[73] Vgl. Weinrebe, G. (2003), S. 25.
[74] Quelle: http://www.sbp.de/de/fla/photo_hi/1105.jpg.
[75] Vgl. Auer, J. (2005), S. 5.

liegt bei etwa dreieinhalb Prozent.[76] Photovoltaischer Strom spielt im Energiemix somit eigentlich keine Rolle. Dennoch kann davon ausgegangen werden, dass aufgrund der hohen Subventionen das Wachstum der Photovoltaik-Neuinstallationen bis 2010 jährlich bei circa vierzig Prozent zu sehen ist. Weltweit wird davon ausgegangen, dass das Wachstum bei etwa dreißig Prozent liegen wird. Von 2010 bis 2020 wird ein Wachstum im niedrigen zweistelligen Bereich für wahrscheinlich gehalten.[77] Durch das von den Subventionen getriebene Wachstum und der damit einhergehenden Kostensenkungen und Effizienzsteigerungen rechnet die Europäische Kommission mit Preisen von fünf bis zwölf Cent pro Kilowattstunde im Jahr 2030.[78]

Bei der Solarthermie wird in Deutschland kein solch extremes Wachstum erreicht. Dies liegt vor allem an der mangelnden Subventionierung. So betrug das Wachstum von neu installierter Kollektorfläche in Deutschland lediglich vier Prozent. Dennoch leistet die Solarthermie in Deutschland einen Beitrag zur Wärmebereitstellung von vier Prozent. Global gesehen ist Solarthermie die relevantere Technologie. Durch Solarthermie wurden 2004 weltweit sechzig Gigawatt erzeugt, durch Photovoltaik weniger als zwei Gigawatt. Die Technik der Solarthermie ist daher eher in einem globalen Kontext zu sehen. Weltweit nahm die installierte Kollektorfläche im Jahr 2003 um etwa zwanzig Prozent zu. Bis zum Jahr 2010 sind ebenfalls Wachstumsraten zwischen zehn und zwanzig Prozent zu erwarten. Dies liegt vor allem daran, dass der Wirkungsgrad von solarthermischen Anlagen wesentlich höher liegt als bei photovoltaischen. Für die Erzeugung von elektrischem Strom durch solarthermische Kraftwerke ist jedoch ein hoher Anteil von direkter Sonnenstrahlung nötig, welcher nur in sehr sonnenreichen Regionen vorhanden ist. In diesen Regionen wird die Solarthermie in der Zukunft noch eine entscheidende Rolle spielen. Dies liegt daran, dass die derzeitigen Kosten der Stromerzeugung von etwa fünfzehn Cent pro Kilowattstunde in fünfzehn bis zwanzig Jahren auf fünf bis sieben Cent fallen könnten.[79]

## 4  Zusammenfassung

Die Energieversorgung der Menschheit basiert heute auf der Verbrennung von fossilen Brennstoffen. Diese sind nicht erneuerbar, sondern sind nach dem Verbrauch auf unabsehbare Zeit unwiederbringlich verloren. Die fossilen Brennstoffe sind begrenzt und werden

---

[76] Vgl. Auer, J. (2005), S. 4.
[77] Vgl. Auer, J. (2005), S. 7f.
[78] Vgl. Auer, J. (2005), S. 9.
[79] Vgl. Auer, J. (2005), S. 10.

mittelfristig aufgezehrt sein. Um die Energieversorgung der Menschheit langfristig zu sichern, werden andere Energiequellen benötigt. Eine solche alternative Energiequelle stellt die Solarenergie dar. Solarenergie ist die von der Sonne in Form von Licht abgestrahlte Energie. Diese ist zwar genau wie die fossilen Brennstoffe nicht erneuerbar, dafür aber langfristig unerschöpflich.

Zur Nutzung der Solarenergie wurden bisher zwei Technologien entdeckt. Dies sind die Photovoltaik und die Solarthermie.

Photovoltaik ist die direkte Umwandlung von Licht in elektrischen Strom. Die Umwandlung des Lichts in elektrische Energie geschieht mit Hilfe von Halbleitern. Halbleiter werden heute in der Regel aus Silizium gefertigt. Silizium ist ein Element, das auf der Erde für den Zweck der Halbleiterproduktion in unerschöpflichen Mengen vorhanden ist. Um Silizium jedoch für die Photovoltaik nutzbar zu machen, muss es mittels komplexen und teuren chemischen und physikalischen Prozessen aufbereitet und zu Solarzellen verarbeitet werden. Diese Prozesse führen dazu, dass die Herstellkosten von Solarzellen sehr hoch sind. Einzelne Solarzellen haben nur eine geringe Leistung. Daher werden Sie zu Modulen verbunden, die wesentlich mehr Leistung abgeben. Durch die Modularisierung sind Solargeneratoren extrem flexibel in der Leistungsskalierung. Solargeneratoren können sowohl autonom, also ohne Anschluss an ein öffentliches Stromnetz, als auch netzparallel arbeiten. Im netzparallelen Betrieb wird der produzierte Strom in das öffentliche Stromnetz eingespeist. Durch die hohen Herstellkosten einer Solarzelle ist der von Solargeneratoren produzierte Strom gegen konventionell produzierten Strom auf Kostenbasis nicht wettbewerbsfähig. Aus diesem Grund wird der Strom aus Solargeneratoren von den Regierungen massiv subventioniert. Die Subventionierung soll dazu führen, dass dennoch Solargeneratoren betrieben werden. Es besteht die berechtigte Hoffnung, dass durch ständige technische Verbesserungen und Skaleneffekte der Photovoltaikstrom bis 2030 wettbewerbsfähig ist. Der Grund, warum gerade in Deutschland die Photovoltaik so massiv gefördert wird ist, dass es diese Technologie auch in Deutschland erlauben wird wirtschaftlich Strom zu produzieren.

Solarthermie ist die Umwandlung von Licht in Wärme. Dies geschieht mit Hilfe von Kollektoren, die die Sonnenstrahlen einfangen und auf einen Absorber leiten, der die Wärme an einen Wärmeträger überträgt. Der Wärmeträger, in der Regel Wasser oder bestimmte thermische Öle, oder aber auch Luft transportiert die Wärme zu einem Wärmetauscher. Der Wärmetauscher gibt die Energie entweder an eine Brauchwasserbehälter oder einen Dampfgenerator ab. In Deutschland wird nur die erste Variante genutzt um einen Beitrag zur Warmwasserbereitung zu leisten. In Regionen mit wesentlich höherer Sonnenintensität, beispielsweise der Sonnengürtel der Erde oder auch in Spanien, wird die zweite Variante angewendet. Durch die hohe Sonnenintensität in diesen Regionen ist es möglich, die Sonnenstrahlung in Solarkraftwerken zu bündeln und so wesentlich höhere Temperaturen in den Absorbern zu erzeugen. Die auf diese Weise sehr stark erhitzten Wärmeträger können mittels eines Dampfgenerators Dampf erzeugen, mit dem sich Turbinen zur Stromgewinnung antreiben lassen. Die Solarkollektoren haben einen wesentlich höheren Wirkungsgrad als Solarzellen. Dies ist der Grund, warum nun solche Solarkraftwerke nach ausgiebigen Testphasen gebaut werden. Solarkraftwerke können heute schon in Dimensionen der Stromproduktion vorstoßen, an die bei der Photovoltaik noch lange nicht zu denken ist. Aktuell werden in Spanien zwei Solarkraftwerke mit jeweils fünfzig Megawatt Leistung gebaut. Die Kosten der Stromproduktion in solarthermischen Kraftwerken sind wesentlich geringer als bei der Photovoltaik. Sie sind heute schon nahezu wettbewerbsfähig.

Noch ist konventionell produzierte Energie uneingeschränkt marktführend, aber in Zukunft wird sich dies definitiv ändern – es muss sich ändern. Die Nutzung von Solarenergie wird dann eine wichtige Rolle in der Energieversorgung der Menschheit spielen. Vor allem solarthermische Kraftwerke werden daran einen großen Anteil haben.

# Literaturverzeichnis


Auer, J. (2005): Boombranche Solarenergie. Aktuelle Themen Nr. 320, Frankfurt am Main 2005.

Bundesministerium für Umwelt, Naturschutz und Reaktorsicherheit (BMU), Referat Öffentlichkeitsarbeit (Hrsg.) (2004): Erneuerbare Energien Innovationen für die Zukunft, 5. Aufl., Berlin 2004.

Deutsche BP AG, Geschäftsbereich BP Solar (Hrsg.) (2005a): Solaranlage Geiseltalsee, http://www.deutschebp.de/liveassets/bp_internet/germany/STAGING/home_assets/assets/bp_solar/produktdatenblaetter/referenz_geiseltalsee_092004.pdf, 2004, Abruf am 2005-08-03.

Deutsche BP AG, Geschäftsbereich BP Solar (Hrsg.) (2005b): Photovoltaik Projekt Flughafen München Terminal 2, http://www.deutschebp.de/liveassets/bp_internet/germany/STAGING/home_assets/assets/bp_solar/produktdatenblaetter/bpsolar_referenz_t2.pdf, 2004, Abruf am 2005-08-03.

Diaz-Santanilla, G. (1984): Technik der Solarzelle, München 1984.

Diaz-Santanilla, G. (2000): Möglichkeiten und Grenzen des Solarstroms, 1. Aufl., Bochum 2000.

EnviroMission Limited (Hrsg.) (2005), http://www.enviromission.com.au/project/project.htm, Abruf am 2005-08-05.

Feddek, P. (2003): Solarthermische Kraftwerke Bine Projektinfo 12/03, Eggenstein-Leopoldshafen 2003.

Hadamovsky, H.-J. (2000): Solaranlagen, 1. Aufl., Würzburg 2000.

Hibst, H. (o. Jg.): Anorganische Chemische Technologie, Vorlesungsskriptum im Wahlfach Anorganische Chemische Technologie, Universität Mannheim, Mannheim o. Jg.

IEA SolarPACES Organisation (Hrsg.) (2005), http://www.solarpaces.org/SOLARTRES.HTM, 2005, Abruf am 2005-08-05.

IZT - Institut für Zukunftsstudien und Technologiebewertung gGmbH (Hrsg.) (2005), http://www.izt.de/eejug/solarthermie, Abruf am 2005-07-27.

Künzel, M. (1981): Stromerzeugung durch Siliziumzellen, Karlsruhe 1981.

Luther, J. (2003): Solar Modules and Photovoltaic Systems, in: Bubenzer, A./ Luther, J. (Hrsg.): Photovoltaics Guidebook for Decision Makers, Berlin et al. 2003, S. 41-106.

sbp GmbH (Hrsg.) (2005), http://www.sbp.de/de/html/projects/detail.html?id=1105, Abruf am 2005-08-05.

Schott Glas (Hrsg.) (2005): Energie aus der Sonne, Solarlösungen „powerd by Schott, http://www.schott.com/solarthermal/german/download/solar_broschuere.pdf, Abruf am 2005-08-05

Schott Rohrglas GmbH (Hrsg.) (2005): Using Solar Energy for solar thermal power plants, The Schott PTR© 70 Receiver, http://www.schott.com/solarthermal/german/download/ptr_70_brochure.pdf, Abruf am 2005-08-05.

Seltmann, T. (2000): Fotovoltaik: Strom ohne Ende, Berlin 2000.

Solar Millennium AG (Hrsg.) (2005a), http://www.solarmillennium.de/start.php?pl0=19&pl1=162&cid=403, Abruf am 2005-08-02.

Solar Millennium AG (Hrsg.) (2005b), http://www.solarmillennium.de/start.php?pl0=21&pl1=104&cid=121, Abruf am 2005-08-05.

Weinrebe, G. (2003): Das Aufwindkraftwerk – Wasserkraftwerk der Wüste, in zu Hausen, H. (Hrsg.): Nova Acta Leopoldina N. F., Bd. 91, Nr. 339, Heidelberg (2004), S.117-141.

# BEI GRIN MACHT SICH IHR WISSEN BEZAHLT

- Wir veröffentlichen Ihre Hausarbeit, Bachelor- und Masterarbeit

- Ihr eigenes eBook und Buch - weltweit in allen wichtigen Shops

- Verdienen Sie an jedem Verkauf

Jetzt bei www.GRIN.com hochladen und kostenlos publizieren